CLOCHES

A DISQUE ET A TIGE-BÉLIÈRE MOBILE

DE LA

MAISON URSULIN DENCAUSSE

A TARBES (Hautes-Pyrénées)

BREVET S. G. D. G.

MAISON

Rue Ste-Marie, n° 5.

FONDERIE

Rue du Cimetière St-Jean.

AOUT
1868

TARBES

TH. TELMON, IMPRIMEUR DE LA PRÉFECTURE

1868

FONDERIE SPÉCIALE DE CLOCHES

DE LA MAISON

URSULIN DENCAUSSE,

(Breveté S. G. D. G.)

A TARBES,

HAUTES-PYRÉNÉES.

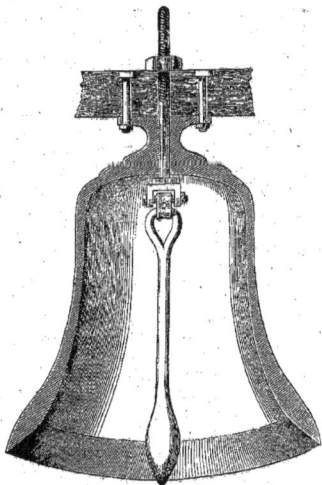

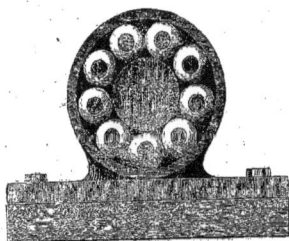

MAISON
RUE
Ste-Marie.

FONDERIE
RUE
Cimetière St-Jean.

MÉDAILLES DE BRONZE ET D'ARGENT OBTENUES DANS DIFFÉRENTS CONCOURS RÉGIONAUX DE L'INDUSTRIE.

EXPOSITION UNIVERSELLE DE PARIS

1867.

Coupe de la cloche à disque et à tige-bélière mobile.
Nouveau système.

BOITE A CHAPELET

DE

M. L'abbé GUICHENÉ,

Breveté S. G. D. G.,

Chevalier de la Légion d'honneur.

Vue de la cloche à disque et à tige-bélière mobile.
Nouveau système.

Tarbes, imp. de Th. Telmon.

CLOCHES

A DISQUE ET A TIGE-BÉLIÈRE MOBILE

DE LA

MAISON URSULIN DENCAUSSE

A TARBES (Hautes-Pyrénées)

BREVET S. G. D. G.

MAISON	**FONDERIE**
Rue Ste-Marie, n° 5.	Rue du Cimetière St-Jean.

TARBES

TH. TELMON, IMPRIMEUR DE LA PRÉFECTURE

1868

CLOCHES

A DISQUE ET A TIGE-BÉLIÈRE MOBILE

DE LA

MAISON URSULIN DENCAUSSE

A TARBES (Hautes-Pyrénées)

BREVET S. G. D. G.

I

Il y a plus de 400 ans que l'art de fondre les cloches se perpétue dans la famille Dencausse : des registres tenus soigneusement et continués de père en fils en offrent une preuve irrécusable.

A mon tour, j'ai voulu mériter la confiance dont jouirent mes aïeux. Me voilà à l'ouvrage depuis quelques années, et déjà le nombre de mes cloches commence à devenir considérable : les Hautes-Pyrénées et les départements voisins en possèdent plus de mille. J'ai même eu l'honneur de fournir aux Missions de la Cochinchine.

Cette vogue rapide de mes produits ne m'imposait-elle pas l'obligation de travailler à leur perfectionnement ? Je l'ai tenté, et, en cela, j'affirme que l'intérêt et l'amour-propre n'ont pas été l'unique mobile de mes efforts ; un motif d'un ordre supérieur a animé, soutenu, dirigé mes labeurs : la cloche ne se rapporte pas seulement aux œu-

vres d'art, elle compte encore parmi les œuvres de religion ;
c'est l'organe adopté par le catholicisme pour parler aux
fidèles à toutes les heures du jour et de la nuit, c'est la
grande voix de l'Eglise pour inviter les peuples à la prière,
les convier aux saintes cérémonies du culte. Dès lors, l'ar-
tiste chrétien ne doit-il pas tendre sans cesse à augmenter
la puissance de cet organe, à rendre cette voix toujours
plus belle et plus majestueuse ? Telle est la fin que j'ai
poursuivie, et, pour l'atteindre, je me suis constamment
préoccupé de l'amélioration de l'airain, de la forme et du
montage. Qu'il me soit donc permis d'exposer le résultat
de mes laborieuses opérations.

II

De l'airain. — La sonorité et la durée dépendent beaucoup des éléments dont se composent les cloches. Dans les
miennes, il n'entre que du cuivre rouge et de l'étain
banca brillant, soit 4/5es du premier et 1/5e du second.
Sur ce point s'agite une question sérieuse : peut-on, avec
la même sécurité, user de matières différentes? Les con-
currences répondent affirmativement. Certains fondeurs, en
effet, épargnent le cuivre et l'étain en les remplaçant par
une quantité proportionnelle de zinc, dont le prix est infé-
rieur. A la vérité, ce mélange est économique, il se prête
au bon marché, il favorise les transactions; mais, qu'on le
sache bien, ce n'est, en réalité, qu'un amalgame (*) de
valeur médiocre et toujours préjudiciable à l'acquéreur,
car, au lieu d'un airain précieux, fort et vibrant, on n'en

(*) Mélange de choses qui ne se conviennent pas; se prend presque toujours
en mauvaise part. — Bescherelle.

retire que du bronze commun, cassant et dépourvu de
puissantes vibrations. D'autres, négligeant le cuivre et
l'étain, n'emploient que la fonte *sous la dénomination
d'acier*. Tous ces industriels prétendent faire merveille et
préconisent partout l'excellence de leur fabrique. A chacun
la responsabilité de ses paroles et de ses actes. Pour moi,
je pense avec nos pères que l'airain seul forme les meil-
leures cloches, et j'admets avec la science qu'il n'y a
que le cuivre et l'étain bien combinés qui constituent l'airain vraiment sonore et durable. Encore faut-il distinguer
entre les diverses qualités que présente le commerce : il
importe que les deux métaux soient dégagés de tout corps
hétérogène, en un mot, qu'ils se trouvent d'une pureté
irréprochable. Aussi une de mes constantes préoccupations
est de bannir de mon atelier ce qui paraît suspect d'alliage
dangereux. Dans les achats, je n'accepte que les marchan-
dises bien épurées, ne manquant jamais d'accorder la
préférence à celles qui ont subi l'épreuve du temps et de
l'usage.

Et l'expérience démontre qu'il ne suffit pas de mettre en
fusion des matières très pures ; il faut de plus, en faveur de
la solidité, obtenir un airain parfaitement condensé. Sous
ce rapport, les méthodes connues laissent à désirer.
Comme il n'y a qu'un jet pour la coulée, la diffusion dans
l'intérieur du moule ne s'accomplit qu'avec lenteur. Le
fluide perd vite de son incandescence, et le refroidissement
est quelquefois assez notable pour empêcher, au point des
affluents, l'entière cohésion des molécules. Il peut donc
arriver qu'avant de déterrer une cloche et sans qu'on s'en
aperçoive, l'airain soit déjà fêlé. Ajoutons que le moule
s'emplit de gaz qui, après avoir résisté à la matière, prati-
quent parfois dans le métal des cavités extérieures ainsi
que des cavernes et des cloisons invisibles. Rien de plus

compromettant, car, si le marteau tombe sur ces vides, la cloche ne fournira pas longue carrière.

Afin d'éviter ces graves accidents, j'ai introduit dans le moulage d'heureuses modifications. La coulée devenue plus rapide prévient le refroidissement ; en même temps, elle précipite l'échappement des gaz, et, par suite, procure une condensation parfaite.

Toutes mes fontes s'opèrent dans ces conditions et elles produisent un airain dont je garantis la richesse, la puissance et l'harmonie.

III

DE LA FORME. — D'après la fabrication actuellement en vigueur, on estime que le service d'une cloche ne dépasse pas une moyenne de 50 ans. Y a-t-il possibilité de le prolonger infiniment davantage? Il me le semble, et, dans cette vue, je présente une innovation pour laquelle j'ai pris un brevet d'invention (s. g. d. g.)

Mettons en regard les deux systèmes et l'on jugera.

Jusqu'à présent la cloche a été munie d'anses qui servent à la suspendre. LA BÉLIÈRE, c'est-a-dire, l'anneau de fer auquel, à l'aide d'une courroie, on attache le battant, se trouve scellée au centre du cerveau. L'immobilité de cette bélière condamne le marteau à n'agir que sur deux points déterminés : les coups s'y répètent invariablement et sans changement possible. Il suit de là que l'airain ne tarde pas à être entamé et qu'au bout de quelques années, la cloche court le danger de la fêlure.

Le nouveau procédé remédie à cet inconvénient capital. Les anses sont remplacées par un disque que supporte

une colonne étayée de consoles. Six boulons armés d'é-
crous traversent le disque pour le serrer et l'assujettir
contre le joug. Au milieu du cerveau, la cloche est perfo-
rée de manière à donner passage à une tige de fer de dimension convenable. Cette tige, qui est entièrement libre,
part de l'intérieur, traverse la colonne et le disque, pénè-
tre dans le joug qu'elle surpasse d'environ 20 centimètres,
et se termine par une vis destinée à saisir deux écrous,
l'un appuyant sur le joug, l'autre de sûreté (*). La partie in-
férieure de la tige forme la bélière, et, comme cette bélière
se meut en tout sens, il est facile de soustraire au battant
les endroits tourmentés depuis longtemps et de lui fixer de
nouveaux points de contact. Pour cela, on enlève les écrous
qui prennent le dessous du disque et l'on dévisse un peu
seulement ceux de l'extrémité supérieure de la tige. La
cloche s'abaisse et ne porte plus que sur la tige-bélière.
Dans cette position, elle tournera sans résistance : il n'y
a qu'à la conduire avec la main à l'endroit où l'on désire
que le battant exerce son action. Cette manœuvre est des
plus aisées et le sonneur l'exécutera lui-même sans écha-
faudage ni le secours de personne.

Résumons les avantages de ce système. Le disque est
préférable aux anses, parce que l'armature devient plus
simple, plus solide et moins coûteuse. Puis, la nouvelle
bélière l'emporte de beaucoup sur l'ancienne, attendu que,
par sa mobilité, elle assure à l'airain une durée vingt fois
plus longue, et, si j'ose le dire, le rend *inusable*.

Une telle innovation n'est-elle pas d'une importance
incontestable ?

(*) Voir la carte.

IV

Du montage. — Dans plusieurs pays, on établit les cloches sans contre-poids, ou, si l'on en met un, il n'est pas justement proportionné. Qui ne conçoit les mauvais effets de cette monture ? La mise en branle nécessite une grande dépense de force ; il faut même un coup de main dont, au premier abord, tout le monde n'a pas le secret. Le battant commence par suivre le mouvement imprimé à la cloche, et ce n'est qu'après bien des efforts que le fer et l'airain se rencontrent. Alors, chose bizarre ! ce qui devrait être l'enclume devient le marteau, car ce n'est pas le battant qui frappe la cloche, mais la cloche qui frappe le battant. Qu'attendre d'une pareille anomalie ? des percussions faibles, uniformes et dont la fréquence paralyse le développement des vibrations ; il n'y a jamais qu'un tintement confus et denué de cette majestueuse gravité qui convient si bien à la pompe de nos fêtes. En outre, le balancement saccadé de la cloche finit par nuire au beffroi, dont il ébranle la charpente et les fondements.

Je conseille donc de ne pas s'obstiner dans ce genre de montage ; il vaut mieux ajuster un joug qui facilite un mouvement régulier de bascule. De la sorte, l'airain et le marteau se cherchent sans cesse et se rencontrent toujours ; les coups sont plus lents, plus distincts, plus forts, et il en résulte évidemment des sons pleins, variés, expressifs, et des vibrations qui ondulent au loin.

Pour seconder le jeu de ce système, j'ai à ma disposition un mécanisme d'une valeur reconnue. Qu'on se figure des cylindres égaux, symétriquement enchâssés, contigus et parfaitement libres, qui décrivent une double évolution autour de l'axe qu'ils supportent : c'est la Boîte à chapelet inventée par M. l'Abbé Guichené, curé de St-Médard, à Mont-de-Marsan (*). Cet homme de génie, à qui je rends hommage, a consenti à me faire cession de son œuvre, et, en vertu d'un traité, j'ai seul le droit de l'appliquer aux cloches ainsi qu'à toute espèce de tourillons.

Le nouveau coussinet supprime, dans la rotation des axes, le frottement de glissement, dont on évalue la résistance à une moyenne de 8 0/0. Il ne reste aux tourillons qu'une résistance de roulement, et celle-ci, d'après des examens et des rapports officiels, se réduit à 1 °/₀ environ. L'invention Guichené diminue donc considérablement la résistance passive des corps soumis à la rotation des axes. Supposons deux cloches de 1000 kilos chacune et équilibrées par des jougs d'un poids égal à celui de l'airain : l'une est suspendue sur des coussinets ordinaires, l'autre avec la Boîte à chapelet. Quelle force demandera la mise en mouvement ? 160 kilos pour la première et 20 seulement pour la seconde. Et si, dans les deux moutons, on retranche un poids équivalant à la résistance, quelle devra être la puissance des moteurs ? Il faudra 320 kilos avec les coussinets ordinaires, tandis que 40 kilos suffiront avec le nouveau procédé. On le voit, la Boîte à chapelet décuple la force motrice, et il y a encore cet avantage que l'on peut lancer et maintenir à la volée les plus grandes cloches, sans que les beffrois éprouvent la moindre secousse.

En somme, pour la facilité et l'énergique expression de la sonnerie, le montage de mes cloches défie toute concurrence.

(*) Voir la carte.

V

Ici je pourrais exhiber les certificats nombreux et flatteurs qui m'ont été délivrés par les fabriques et les membres du clergé. Je me contente de faire observer que, dans les concours régionaux de l'industrie, les Jurys ont proclamé hautement la supériorité de mes produits. Ce qui m'honore surtout, c'est la distinction dont j'ai été l'objet à l'exposition universelle de 1867. Là parut pour la première fois un spécimen de mes cloches à disque et à bélière mobile. Cette nouveauté attira vivement l'attention des connaisseurs, mais l'appréciation du Jury faillit un instant lui manquer. Des obstacles imprévus m'avaient empêché d'arriver à Paris le jour de l'ouverture de l'exposition ; ce ne fut que le 20 avril qu'eut lieu mon installation au Champ-de-Mars. Or, selon les règlements, je devais, dans ce cas, être exclu et de la liste des exposants et du nombre des récompensés. Mon nom, en effet, ne figure point dans la première édition du catalogue officiel. Toutefois, sur la preuve que le retard tenait à des causes indépendantes de ma volonté, on décida mon admission au concours et bientôt le nouveau système jouit d'une mention honorable. C'était beaucoup, et qu'espérer davantage, vu surtout l'exception éclatante dont on venait de me favoriser ? Contre mon attente, on est revenu sur la première décision, et la Commission Impériale, considérant l'innovation comme l'unique progrès réalisé depuis la naissance de l'art, a jugé l'inventeur digne d'une récompense plus significative. Par conséquent, le jury de la classe 40, groupe 5, m'a décerné une médaille de bronze, et voici la lettre de notification :

« Commission Impériale.

« Paris, Champ-de-Mars, pavillon du Commissariat général,

« le 17 mars 1868.

« Le secrétaire du Jury du groupe 5 a l'honneur d'informer
« M. Dencausse que la médaille de bronze qui lui a été décernée
« par le Jury International des récompenses, lui sera remise du 1er
« au 31 mars, *délai de rigueur*, de midi et demi à quatre heures,
« au Commissariat général. »

Ce titre seul ne prouve-t-il pas le mérite de l'œuvre et
ne suffit-il pas pour la recommander ?

VI

Encouragé par tant et de si hautes approbations, je viens
avec confiance renouveler mes offres de service au clergé,
aux fabriques, aux administrations qui ont besoin de
sonnerie.

Je moule des cloches de toute dimension, garantissant
la solidité du métal, la pureté des sons, la justesse des
accords.

Les cloches sortent de mon atelier sans autre préparation que l'ébarbage. Plusieurs de mes confrères soumettent
l'airain à l'action du tournage ; rien ne justifie cette pratique. Si le métal a été moulé avec précision, pourquoi le
tourner ? D'ailleurs, quoi de plus nuisible ? Enlever l'épiderme à un corps, c'est lui ôter la vie.

Je prends en échange les vieilles cloches d'un airain
véritable et pur. J'accepte aussi celles dont la matière est

défectueuse, mais seulement pour la refonte et avec le simple engagement de bonifier le métal.

Mes prix seront toujours justes. Autant par devoir de conscience que dans l'intérêt des clients, je ne tomberai jamais dans l'exagération. Nulle considération non plus ne me portera à descendre au-dessous de la valeur réelle des choses : ce bon marché conduit ordinairement ou à la fraude ou à la ruine ; or, je désire éviter l'une et l'autre, et l'on voudra bien s'en souvenir pour ne pas exiger de moi des conditions impossibles.

Les cloches fabriquées dans mes ateliers, qui casseront après l'expiration de la garantie, seront refondues avec une réduction de 30 pour 0/0 sur les prix courants.

Le transport des cloches neuves est à mes frais jusqu'à l'endroit le plus près possible de la destination.

La paire de boîtes pour le montage ne coûtera pas, en moyenne, plus de 40 fr.

Quant au paiement, il sera accordé les plus larges facilités, sauf l'intérêt annuel de 5 pour 0/0.

Et ainsi j'espère que le public, appréciant les améliorations dont j'ai doté mon art, continuera de faire à mes produits un accueil toujours plus favorable.

URSULIN DENCAUSSE.

NOTA. — Tous mes précédents prospectus sont annulés. Écrire toujours à Ursulin Dencausse, fondeur, rue Ste-Marie, n° 5, Tarbes (Hautes-Pyrénées).

PRINCIPAUX ENDROITS

Où se trouvent des cloches de la

MAISON URSULIN DENCAUSSE

Hautes-Pyrénées.

Adé, Adervielle, Agos, Anéran-Camors, Ancizan, Anères, Angles, Antist, Aragnouet, Argelès-de-Bigorre, Argelès (de Bagnères), Arné, Artiguemy, Aspin (d'Aure), Aspin (de Lourdes), Asque, Arrayou, Arreau, Arrodets, Aubarède, Aucun, Aureilhan, Auriébat, Ayzac-Ost, Azereix. — Banios, Bareilles, Barrancoueu, Bazet, Bazus (d'Aure), Bazus (de Neste), Bazilhac, Bégole, Bettes, Beyrède, Bonnemazon, Bordères (d'Aure), Bordères (de Tarbes), Bordes, Bourg, Burg, Bourisp, Bourrepaux. — Cadéac, Campan, Castelbajac, Castillon, Castelnau-Magnoac, Cauterets, Chis, Clarens. — Devèze. — Escondeaux, Escots, Estarvielle, Esterre. — Fontrailles. — Galez, Gazost, Geu, Gouaux, Goudon, Grust, Guchen. — Hachan. — Ilheu. — Jacque, Jarret, Jézeau, Julos, Juncalas. — Laffitole, Lagrange, Lahitte (de Labarthe), Lalanne-Magnoac, Lannemezan, Lapène, Larroque, Lapeyre, Lau-Balagnas, Lézignan, Lias, Lies, Lombrès, Louey, Louit, Lubret, Lugagnan. — Marseillan, Mascaras, Mazerolles, Mingot, Momères, Mont, Montfaucon, Moulédous. — Oléac-Debat, Orleix, Ordizan, Osmets, Ossun, Ourde, Ozon. — Peyrun, Pinas, Pouy, Puntous. — Rebouc. — Sacoué, Sailhan, Sazost, Ségalas, Sère-Esquièze, Siradan, Soublecause,

Soulom, St-Créac, St-Martin, St-Savin. — Tarbes, Tilhouse, Tostat, Tramesaïgues, Trébons. — Uglas, Ugnouas, Uz. — Vidou, Viey, Villelongue, Villembits, Viscos, Visker.

Basses-Pyrénées.

Aast, Accous, Angaïs, Arbouet, Aroue, Arrast, Artix, Assouste, Aubertin, Aydie, Aydius. -- Barzun, Bayonne, Bénéjac, Bergouey, Beuste, Biarrits, Bidache, Bidart, Billères, Borce, Bordères, Bournos, Buzy. — Camou-Cihigue, Cardesse, Cheraute. — Carmel de Bayonne. — Domezain. — Espouy, Etsaut. — Gan, Ger. — Haut-de-Gan. — Jurançon. — La Fonderie ou Banca, Lagos, Lalonquette, Lanne, Lannepläa, Lasseube, Ledeuix, Lées-Athas, Lourdios, Louvie-Soubiron, Lucq, Lys. — Maslacq, Meillon, Mirepeix, Moncaup, Montagut, Montaner, Mourenx. — Nay. — Oloron-Ste-Marie, Os-Marsillon. — Pontiacq. — Rébenacq. — Sauvelade, Sévignacq, Sibas, Souvagnon, St-Armou, St-Abit, Ste-Colombe, St-Girons, St-Michel. — Tarsacq. — Urepel, Ustaritz. — Ursulines de Pau. — Villepinte.

Gers.

Armentieux, Aujan, Aussos, Aux, Averon. — Beaulat, Belloc-St-Clamens, Bezues, Bivès, Bouzon-Gellenave. — Cabas, Cadeilhan, Castelnau-d'Angles, Cazaux-d'Angles, Chelan. — Duffort, Duran, Durban. — Esclassan, Espaon, Estipouey, Estramiac. — Fleurance. — Galiax, Grasimis de Condom. — Heux. — Jegun, Jû-Belloc. — Laas, Labastide-Savès, Labéjan, Ladeveze-Castex, Ladeveze-St-Laurent, Lagarde-Hachan, Lalanne-Arqué, Larroumieu, Lartigue (Aignan), La-Sauvetat, Lasseran, Lasserade, Ligardes, Loubersan. — Manciet, Maumus, Miélan, Miramont, Mi-

rande, Monferran-Plavès, Mont-de-Marrast, Montesquiou.
— Noilhan. — Pavie, Peyrusse-Grande, Plaisance, Pouy-
Roquelaure, Projan. — Roquepine. — Sauvimont, Ségouf-
fielle, St-André, St-Christaud, St-Aunix, Ste-Dode, St-
Elix-Theux, St-Jean-le-Comtal, St-Loubes, St-Martin,
St-Médard, St-Mont, St-Ost. — Tachoires, Tournecoupe,
Tourrenquets, Troncens, Tudelle. — Verlus, Viella.

Landes.

Aire. — Bastennes, Benquet, Bélis, Bougue, Brocas.
— Doazit, Duhort, Dume. — Hagetmau, Hontanx. —
Lauret. — Monségur, Mont-de-Marsan, Morgans, Mugron.
— Nassiet, Nousse. — Pey, Pouydesseaux. — Saubion,
St-Criq-Segaret. — Vieux-Boucau.

Haute-Garonne.

Anan, Aulon. — Balesta, Barbazan, Benqué-Debat,
Benqué-Dessus, Bordes. — Cardeilhac, Cazeaux-de-Lar-
boust, Cier-de-Rivière, Clarac, Cuing. — Franquevielle. —
Ganties, Gensac, Guran. — Labarthe-Inard, Lalouret,
Larcan, Lendorthe, Lespitau, l'Isle-en-Dodon, Lodes. —
Malevezie, Marignac-Laspeyres, Melles, Miramont, Molas,
Montréjeau. — Nizan. — Payssous, Péguilhan, Peyrissas,
Pointis-Inard, Pujos. — Regades, Rieucazé. — Sarreme-
zan, Soueich, St-Bertrand, St-Gaudens, St-Lary, St-Loup,
St-Martory. — Taillebourg. — Villeneuve-de-Rivière.

Ariège.

Prat et Bonrepos.

Lot-et-Garonne.

Laroque-Timbaut.

Tarbes, — Th. TELMON, imprimeur de la préfecture.